# Detalles

**Nombre:**

**Empresa:**

AF366165

**Número de teléfono:**

**Número de teléfono:**

**Correo electrónico:**

## Detalles de emergencia:

Nombre:

Nombre:

Empresa:

Empresa:

## Importante:

| Fecha: | | Dia: | Lun | Mar | Mie | Jue | Vie | Sab | Dom |
|---|---|---|---|---|---|---|---|---|---|

**Capataz**

**Contacto:**

| Horas perdidas por mal tiempo | Visitante |
|---|---|
| | |
| | |
| | |

| Las condiciones climáticas | |
|---|---|
| AM | PM |
| | |

| Horario | Problemas/retrasos |
|---|---|
| Fecha de realización: | |
| Días antes de lo previsto: | |
| Días de retraso: | |

| Temas de seguridad | Accidentes/ Incidentes |
|---|---|
| | |
| | |
| | |
| | |
| | |
| | |
| | |

## Resumen del trabajo realizado hoy

| Firmar: | Nombre: |
|---|---|
| | |

| Equipo en el sitio: | Unidades | Trabajar | |
| --- | --- | --- | --- |
| | | Sí | No |
| | | | |
| | | | |
| | | | |
| | | | |
| | | | |
| | | | |
| | | | |
| | | | |
| | | | |

| Empleados / Contratista | Acto | Compatible horario acordado | Horas extras |
| --- | --- | --- | --- |
| | | | |
| | | | |
| | | | |
| | | | |
| | | | |
| | | | |

| Materiales suministrados | Desde y precio | Equipo alquilado | Unidades |
| --- | --- | --- | --- |
| | | | |
| | | | |
| | | | |
| | | | |
| | | | |
| | | | |
| | | | |
| | | | |

**Notas**

| Fecha: | | Dia: | Lun | Mar | Mie | Jue | Vie | Sab | Dom |
|---|---|---|---|---|---|---|---|---|---|
| Capataz | | | | | | | | | |
| Contacto: | | | | | | | | | |

| Horas perdidas por mal tiempo | Visitante |
|---|---|
| | |
| | |
| | |

### Las condiciones climáticas

| AM | PM |
|---|---|
| | |

| Horario | Problemas/retrasos |
|---|---|
| Fecha de realización: | |
| Días antes de lo previsto: | |
| Días de retraso: | |

| Temas de seguridad | Accidentes/ Incidentes |
|---|---|
| | |
| | |
| | |
| | |
| | |
| | |
| | |
| | |

### Resumen del trabajo realizado hoy

| Firmar: | Nombre: |
|---|---|
| | |

| Equipo en el sitio: | Unidades | Trabajar | |
| --- | --- | --- | --- |
| | | Sí | No |
| | | | |
| | | | |
| | | | |
| | | | |
| | | | |
| | | | |
| | | | |
| | | | |
| | | | |
| | | | |

| Empleados / Contratista | Acto | Compatible horario acordado | Horas extras |
| --- | --- | --- | --- |
| | | | |
| | | | |
| | | | |
| | | | |
| | | | |
| | | | |

| Materiales suministrados | Desde y precio | Equipo alquilado | Unidades |
| --- | --- | --- | --- |
| | | | |
| | | | |
| | | | |
| | | | |
| | | | |
| | | | |
| | | | |
| | | | |

**Notas**

| Fecha: | | Dia: | Lun | Mar | Mie | Jue | Vie | Sab | Dom |
|---|---|---|---|---|---|---|---|---|---|
| Capataz | | | | | | | | | |
| Contacto: | | | | | | | | | |

| Horas perdidas por mal tiempo | Visitante |
|---|---|
| | |
| | |
| | |

## Las condiciones climáticas

| AM | PM |
|---|---|
| | |

| Horario | Problemas/retrasos |
|---|---|
| Fecha de realización: | |
| Días antes de lo previsto: | |
| Días de retraso: | |

| Temas de seguridad | Accidentes/ Incidentes |
|---|---|
| | |
| | |
| | |
| | |
| | |
| | |
| | |
| | |

## Resumen del trabajo realizado hoy

| Firmar: | Nombre: |
|---|---|
| | |

| Equipo en el sitio: | Unidades | Trabajar | |
| --- | --- | --- | --- |
| | | Sí | No |
| | | | |
| | | | |
| | | | |
| | | | |
| | | | |
| | | | |
| | | | |
| | | | |
| | | | |

| Empleados / Contratista | Acto | Compatible horario acordado | Horas extras |
| --- | --- | --- | --- |
| | | | |
| | | | |
| | | | |
| | | | |
| | | | |
| | | | |

| Materiales suministrados | Desde y precio | Equipo alquilado | Unidades |
| --- | --- | --- | --- |
| | | | |
| | | | |
| | | | |
| | | | |
| | | | |
| | | | |
| | | | |
| | | | |

**Notas**

| Fecha: | | Dia: | Lun | Mar | Mie | Jue | Vie | Sab | Dom |
|---|---|---|---|---|---|---|---|---|---|

**Capataz**

**Contacto:**

| Horas perdidas por mal tiempo | Visitante |
|---|---|
| | |
| | |
| | |

| Las condiciones climáticas | |
|---|---|
| AM | PM |
| | |

| Horario | Problemas/retrasos |
|---|---|
| Fecha de realización: | |
| Días antes de lo previsto: | |
| Días de retraso: | |

| Temas de seguridad | Accidentes/ Incidentes |
|---|---|
| | |
| | |
| | |
| | |
| | |
| | |
| | |

## Resumen del trabajo realizado hoy

| | |
|---|---|
| Firmar: | Nombre: |
| | |

| Equipo en el sitio: | Unidades | Trabajar | |
| --- | --- | --- | --- |
| | | Sí | No |
| | | | |
| | | | |
| | | | |
| | | | |
| | | | |
| | | | |
| | | | |
| | | | |
| | | | |

| Empleados / Contratista | Acto | Compatible horario acordado | Horas extras |
| --- | --- | --- | --- |
| | | | |
| | | | |
| | | | |
| | | | |
| | | | |
| | | | |

| Materiales suministrados | Desde y precio | Equipo alquilado | Unidades |
| --- | --- | --- | --- |
| | | | |
| | | | |
| | | | |
| | | | |
| | | | |
| | | | |
| | | | |
| | | | |

**Notas**

| Fecha: | | Dia: | Lun | Mar | Mie | Jue | Vie | Sab | Dom |
|---|---|---|---|---|---|---|---|---|---|
| Capataz | | | | | | | | | |
| Contacto: | | | | | | | | | |

| Horas perdidas por mal tiempo | Visitante |
|---|---|
| | |
| | |
| | |

### Las condiciones climáticas

| AM | PM |
|---|---|
| | |

| Horario | Problemas/retrasos |
|---|---|
| Fecha de realización: | |
| Días antes de lo previsto: | |
| Días de retraso: | |

| Temas de seguridad | Accidentes/ Incidentes |
|---|---|
| | |
| | |
| | |
| | |
| | |
| | |
| | |

### Resumen del trabajo realizado hoy

| Firmar: | Nombre: |
|---|---|
| | |

| Equipo en el sitio: | Unidades | Trabajar | |
| --- | --- | --- | --- |
| | | Sí | No |
| | | | |
| | | | |
| | | | |
| | | | |
| | | | |
| | | | |
| | | | |
| | | | |

| Empleados / Contratista | Acto | Compatible horario acordado | Horas extras |
| --- | --- | --- | --- |
| | | | |
| | | | |
| | | | |
| | | | |
| | | | |
| | | | |

| Materiales suministrados | Desde y precio | Equipo alquilado | Unidades |
| --- | --- | --- | --- |
| | | | |
| | | | |
| | | | |
| | | | |
| | | | |
| | | | |
| | | | |
| | | | |

**Notas**

<table>
<tr><td>Fecha:</td><td></td><td>Dia:</td><td>Lun</td><td>Mar</td><td>Mie</td><td>Jue</td><td>Vie</td><td>Sab</td><td>Dom</td></tr>
</table>

| Capataz | |
| --- | --- |
| Contacto: | |

| Horas perdidas por mal tiempo | Visitante |
| --- | --- |
| | |
| | |
| | |

| Las condiciones climáticas | |
| --- | --- |
| AM | PM |
| | |

## Horario

| | | Problemas/retrasos |
| --- | --- | --- |
| Fecha de realización: | | |
| Días antes de lo previsto: | | |
| Días de retraso: | | |

| Temas de seguridad | Accidentes/ Incidentes |
| --- | --- |
| | |
| | |
| | |
| | |
| | |
| | |
| | |

## Resumen del trabajo realizado hoy

| Firmar: | Nombre: |
| --- | --- |
| | |

| Equipo en el sitio: | Unidades | Trabajar | |
|---|---|---|---|
| | | **Sí** | **No** |
| | | | |
| | | | |
| | | | |
| | | | |
| | | | |
| | | | |
| | | | |
| | | | |
| | | | |
| | | | |

| Empleados / Contratista | Acto | Compatible horario acordado | Horas extras |
|---|---|---|---|
| | | | |
| | | | |
| | | | |
| | | | |
| | | | |
| | | | |

| Materiales suministrados | Desde y precio | Equipo alquilado | Unidades |
|---|---|---|---|
| | | | |
| | | | |
| | | | |
| | | | |
| | | | |
| | | | |
| | | | |

**Notas**

| Fecha: | | Dia: | Lun | Mar | Mie | Jue | Vie | Sab | Dom |
|---|---|---|---|---|---|---|---|---|---|
| Capataz | | | | | | | | | |
| Contacto: | | | | | | | | | |

| Horas perdidas por mal tiempo | Visitante |
|---|---|
| | |
| | |
| | |

| Las condiciones climáticas | |
|---|---|
| AM | PM |
| | |

| Horario | Problemas/retrasos |
|---|---|
| Fecha de realización: | |
| Días antes de lo previsto: | |
| Días de retraso: | |

| Temas de seguridad | Accidentes/ Incidentes |
|---|---|
| | |
| | |
| | |
| | |
| | |
| | |
| | |
| | |

## Resumen del trabajo realizado hoy

| |
|---|
| |
| |
| |
| |
| |
| |
| |

| Firmar: | Nombre: |
|---|---|
| | |

| Equipo en el sitio: | Unidades | Trabajar | |
|---|---|---|---|
| | | Sí | No |
| | | | |
| | | | |
| | | | |
| | | | |
| | | | |
| | | | |
| | | | |
| | | | |
| | | | |
| | | | |

| Empleados / Contratista | Acto | Compatible horario acordado | Horas extras |
|---|---|---|---|
| | | | |
| | | | |
| | | | |
| | | | |
| | | | |
| | | | |

| Materiales suministrados | Desde y precio | Equipo alquilado | Unidades |
|---|---|---|---|
| | | | |
| | | | |
| | | | |
| | | | |
| | | | |
| | | | |
| | | | |

**Notas**

| Fecha: | | Dia: | Lun | Mar | Mie | Jue | Vie | Sab | Dom |

Capataz

Contacto:

| **Horas perdidas por mal tiempo** | **Visitante** |
| --- | --- |

### Las condiciones climáticas

| AM | PM |
| --- | --- |

| **Horario** | **Problemas/retrasos** |
| --- | --- |
| Fecha de realización: | |
| Días antes de lo previsto: | |
| Días de retraso: | |

| **Temas de seguridad** | **Accidentes/ Incidentes** |
| --- | --- |

### Resumen del trabajo realizado hoy

Firmar:

Nombre:

| Equipo en el sitio: | Unidades | Trabajar | |
|---|---|---|---|
| | | Sí | No |
| | | | |
| | | | |
| | | | |
| | | | |
| | | | |
| | | | |
| | | | |
| | | | |
| | | | |

| Empleados / Contratista | Acto | Compatible horario acordado | Horas extras |
|---|---|---|---|
| | | | |
| | | | |
| | | | |
| | | | |
| | | | |
| | | | |

| Materiales suministrados | Desde y precio | Equipo alquilado | Unidades |
|---|---|---|---|
| | | | |
| | | | |
| | | | |
| | | | |
| | | | |
| | | | |
| | | | |

**Notas**

| Fecha: | | Dia: | Lun | Mar | Mie | Jue | Vie | Sab | Dom |
| Capataz | | | | | | | | | |
| Contacto: | | | | | | | | | |

| Horas perdidas por mal tiempo | Visitante |
| --- | --- |
| | |
| | |
| | |

| Las condiciones climáticas | |
| --- | --- |
| AM | PM |
| | |

| Horario | | Problemas/retrasos |
| --- | --- | --- |
| Fecha de realización: | | |
| Días antes de lo previsto: | | |
| Días de retraso: | | |

| Temas de seguridad | Accidentes/ Incidentes |
| --- | --- |
| | |
| | |
| | |
| | |
| | |
| | |
| | |
| | |

## Resumen del trabajo realizado hoy

| |
| --- |
| |
| |
| |
| |
| |
| |
| |

| Firmar: | Nombre: |
| --- | --- |
| | |

| Equipo en el sitio: | Unidades | Trabajar | |
| --- | --- | --- | --- |
| | | Sí | No |
| | | | |
| | | | |
| | | | |
| | | | |
| | | | |
| | | | |
| | | | |
| | | | |
| | | | |
| | | | |
| | | | |

| Empleados / Contratista | Acto | Compatible horario acordado | Horas extras |
| --- | --- | --- | --- |
| | | | |
| | | | |
| | | | |
| | | | |
| | | | |
| | | | |
| | | | |

| Materiales suministrados | Desde y precio | Equipo alquilado | Unidades |
| --- | --- | --- | --- |
| | | | |
| | | | |
| | | | |
| | | | |
| | | | |
| | | | |
| | | | |

**Notas**

| Fecha: | | Dia: | Lun | Mar | Mie | Jue | Vie | Sab | Dom |
|---|---|---|---|---|---|---|---|---|---|
| Capataz | | | | | | | | | |
| Contacto: | | | | | | | | | |

| Horas perdidas por mal tiempo | Visitante |
|---|---|
| | |
| | |
| | |

## Las condiciones climáticas

| AM | PM |
|---|---|
| | |

| Horario | Problemas/retrasos |
|---|---|
| Fecha de realización: | |
| Días antes de lo previsto: | |
| Días de retraso: | |

| Temas de seguridad | Accidentes/ Incidentes |
|---|---|
| | |
| | |
| | |
| | |
| | |
| | |
| | |

## Resumen del trabajo realizado hoy

| Firmar: | Nombre: |
|---|---|
| | |

| Equipo en el sitio: | Unidades | Trabajar | |
| | | Sí | No |
| --- | --- | --- | --- |
| | | | |
| | | | |
| | | | |
| | | | |
| | | | |
| | | | |
| | | | |
| | | | |
| | | | |

| Empleados / Contratista | Acto | Compatible horario acordado | Horas extras |
| --- | --- | --- | --- |
| | | | |
| | | | |
| | | | |
| | | | |
| | | | |
| | | | |

| Materiales suministrados | Desde y precio | Equipo alquilado | Unidades |
| --- | --- | --- | --- |
| | | | |
| | | | |
| | | | |
| | | | |
| | | | |
| | | | |
| | | | |

**Notas**

| Fecha: | | Dia: | Lun | Mar | Mie | Jue | Vie | Sab | Dom |
|---|---|---|---|---|---|---|---|---|---|
| Capataz | | | | | | | | | |
| Contacto: | | | | | | | | | |

| Horas perdidas por mal tiempo | Visitante |
|---|---|
| | |
| | |
| | |

### Las condiciones climáticas

| AM | PM |
|---|---|
| | |

| Horario | | Problemas/retrasos |
|---|---|---|
| Fecha de realización: | | |
| Días antes de lo previsto: | | |
| Días de retraso: | | |

| Temas de seguridad | Accidentes/ Incidentes |
|---|---|
| | |
| | |
| | |
| | |
| | |
| | |
| | |
| | |

### Resumen del trabajo realizado hoy

| Firmar: | Nombre: |
|---|---|
| | |

| Equipo en el sitio: | Unidades | Trabajar | |
| --- | --- | --- | --- |
| | | Sí | No |
| | | | |
| | | | |
| | | | |
| | | | |
| | | | |
| | | | |
| | | | |
| | | | |
| | | | |
| | | | |

| Empleados / Contratista | Acto | Compatible horario acordado | Horas extras |
| --- | --- | --- | --- |
| | | | |
| | | | |
| | | | |
| | | | |
| | | | |
| | | | |

| Materiales suministrados | Desde y precio | Equipo alquilado | Unidades |
| --- | --- | --- | --- |
| | | | |
| | | | |
| | | | |
| | | | |
| | | | |
| | | | |
| | | | |

**Notas**

| Fecha: | | Dia: | Lun | Mar | Mie | Jue | Vie | Sab | Dom |
|---|---|---|---|---|---|---|---|---|---|
| Capataz | | | | | | | | | |
| Contacto: | | | | | | | | | |

## Horas perdidas por mal tiempo

## Visitante

## Las condiciones climáticas

| AM | PM |
|---|---|
| | |

## Horario

| Fecha de realización: | |
|---|---|
| Días antes de lo previsto: | |
| Días de retraso: | |

## Problemas/retrasos

## Temas de seguridad

## Accidentes/ Incidentes

## Resumen del trabajo realizado hoy

| Firmar: | Nombre: |
|---|---|
| | |

| Equipo en el sitio: | Unidades | Trabajar | |
| --- | --- | --- | --- |
| | | Sí | No |
| | | | |
| | | | |
| | | | |
| | | | |
| | | | |
| | | | |
| | | | |
| | | | |
| | | | |

| Empleados / Contratista | Acto | Compatible horario acordado | Horas extras |
| --- | --- | --- | --- |
| | | | |
| | | | |
| | | | |
| | | | |
| | | | |
| | | | |

| Materiales suministrados | Desde y precio | Equipo alquilado | Unidades |
| --- | --- | --- | --- |
| | | | |
| | | | |
| | | | |
| | | | |
| | | | |
| | | | |
| | | | |

**Notas**

| Fecha: | | Dia: | Lun | Mar | Mie | Jue | Vie | Sab | Dom |
|---|---|---|---|---|---|---|---|---|---|
| Capataz | | | | | | | | | |
| Contacto: | | | | | | | | | |

| Horas perdidas por mal tiempo | Visitante |
|---|---|
| | |
| | |
| | |

## Las condiciones climáticas

| AM | PM |
|---|---|
| | |

| Horario | Problemas/retrasos |
|---|---|
| Fecha de realización: | |
| Días antes de lo previsto: | |
| Días de retraso: | |

| Temas de seguridad | Accidentes/ Incidentes |
|---|---|
| | |
| | |
| | |
| | |
| | |
| | |
| | |
| | |

## Resumen del trabajo realizado hoy

| Firmar: | Nombre: |
|---|---|
| | |

| Equipo en el sitio: | Unidades | Trabajar | |
| --- | --- | --- | --- |
| | | Sí | No |
| | | | |
| | | | |
| | | | |
| | | | |
| | | | |
| | | | |
| | | | |
| | | | |
| | | | |

| Empleados / Contratista | Acto | Compatible horario acordado | Horas extras |
| --- | --- | --- | --- |
| | | | |
| | | | |
| | | | |
| | | | |
| | | | |
| | | | |

| Materiales suministrados | Desde y precio | Equipo alquilado | Unidades |
| --- | --- | --- | --- |
| | | | |
| | | | |
| | | | |
| | | | |
| | | | |
| | | | |
| | | | |
| | | | |

**Notas**

| Fecha: | | Dia: | Lun | Mar | Mie | Jue | Vie | Sab | Dom |
|---|---|---|---|---|---|---|---|---|---|
| Capataz | | | | | | | | | |
| Contacto: | | | | | | | | | |

| Horas perdidas por mal tiempo | Visitante |
|---|---|
| | |
| | |
| | |

| Las condiciones climáticas | |
|---|---|
| AM | PM |
| | |

| Horario | Problemas/retrasos |
|---|---|
| Fecha de realización: | |
| Días antes de lo previsto: | |
| Días de retraso: | |

| Temas de seguridad | Accidentes/ Incidentes |
|---|---|
| | |
| | |
| | |
| | |
| | |
| | |
| | |

## Resumen del trabajo realizado hoy

| Firmar: | Nombre: |
|---|---|
| | |

| Equipo en el sitio: | Unidades | Trabajar | |
|---|---|---|---|
| | | Sí | No |
| | | | |
| | | | |
| | | | |
| | | | |
| | | | |
| | | | |
| | | | |
| | | | |
| | | | |
| | | | |

| Empleados / Contratista | Acto | Compatible horario acordado | Horas extras |
|---|---|---|---|
| | | | |
| | | | |
| | | | |
| | | | |
| | | | |
| | | | |

| Materiales suministrados | Desde y precio | Equipo alquilado | Unidades |
|---|---|---|---|
| | | | |
| | | | |
| | | | |
| | | | |
| | | | |
| | | | |
| | | | |

**Notas**

| Fecha: | | Dia: | Lun | Mar | Mie | Jue | Vie | Sab | Dom |
|---|---|---|---|---|---|---|---|---|---|
| Capataz | | | | | | | | | |
| Contacto: | | | | | | | | | |

| Horas perdidas por mal tiempo | Visitante |
|---|---|
| | |
| | |
| | |

| Las condiciones climáticas | |
|---|---|
| AM | PM |
| | |

| Horario | Problemas/retrasos |
|---|---|
| Fecha de realización: | |
| Días antes de lo previsto: | |
| Días de retraso: | |

| Temas de seguridad | Accidentes/ Incidentes |
|---|---|
| | |
| | |
| | |
| | |
| | |
| | |
| | |
| | |

## Resumen del trabajo realizado hoy

| Firmar: | Nombre: |
|---|---|
| | |

| Equipo en el sitio: | Unidades | Trabajar | |
| --- | --- | --- | --- |
| | | Sí | No |
| | | | |
| | | | |
| | | | |
| | | | |
| | | | |
| | | | |
| | | | |
| | | | |
| | | | |
| | | | |

| Empleados / Contratista | Acto | Compatible horario acordado | Horas extras |
| --- | --- | --- | --- |
| | | | |
| | | | |
| | | | |
| | | | |
| | | | |
| | | | |

| Materiales suministrados | Desde y precio | Equipo alquilado | Unidades |
| --- | --- | --- | --- |
| | | | |
| | | | |
| | | | |
| | | | |
| | | | |
| | | | |
| | | | |

**Notas**

| Fecha: | | Dia: | Lun | Mar | Mie | Jue | Vie | Sab | Dom |

**Capataz**

**Contacto:**

| Horas perdidas por mal tiempo | Visitante |
|---|---|
| | |
| | |
| | |

| Las condiciones climáticas | |
|---|---|
| AM | PM |
| | |

| Horario | Problemas/retrasos |
|---|---|
| Fecha de realización: | |
| Días antes de lo previsto: | |
| Días de retraso: | |

| Temas de seguridad | Accidentes/ Incidentes |
|---|---|
| | |
| | |
| | |
| | |
| | |
| | |
| | |
| | |

### Resumen del trabajo realizado hoy

| Firmar: | Nombre: |
|---|---|
| | |

| Equipo en el sitio: | Unidades | Trabajar | |
| --- | --- | --- | --- |
| | | Sí | No |
| | | | |
| | | | |
| | | | |
| | | | |
| | | | |
| | | | |
| | | | |
| | | | |

| Empleados / Contratista | Acto | Compatible horario acordado | Horas extras |
| --- | --- | --- | --- |
| | | | |
| | | | |
| | | | |
| | | | |
| | | | |
| | | | |

| Materiales suministrados | Desde y precio | Equipo alquilado | Unidades |
| --- | --- | --- | --- |
| | | | |
| | | | |
| | | | |
| | | | |
| | | | |
| | | | |
| | | | |

**Notas**

| Fecha: | | Dia: | Lun | Mar | Mie | Jue | Vie | Sab | Dom |

**Capataz**

**Contacto:**

## Horas perdidas por mal tiempo

## Visitante

### Las condiciones climáticas

| AM | PM |
| --- | --- |

## Horario

Fecha de realización:

Días antes de lo previsto:

Días de retraso:

## Problemas/retrasos

## Temas de seguridad

## Accidentes/ Incidentes

## Resumen del trabajo realizado hoy

**Firmar:**

**Nombre:**

| Equipo en el sitio: | Unidades | Trabajar | |
| --- | --- | --- | --- |
| | | Sí | No |
| | | | |
| | | | |
| | | | |
| | | | |
| | | | |
| | | | |
| | | | |
| | | | |
| | | | |
| | | | |

| Empleados / Contratista | Acto | Compatible horario acordado | Horas extras |
| --- | --- | --- | --- |
| | | | |
| | | | |
| | | | |
| | | | |
| | | | |
| | | | |
| | | | |

| Materiales suministrados | Desde y precio | Equipo alquilado | Unidades |
| --- | --- | --- | --- |
| | | | |
| | | | |
| | | | |
| | | | |
| | | | |
| | | | |
| | | | |

**Notas**

| Fecha: | | Dia: | Lun | Mar | Mie | Jue | Vie | Sab | Dom |
|---|---|---|---|---|---|---|---|---|---|
| Capataz | | | | | | | | | |
| Contacto: | | | | | | | | | |

| Horas perdidas por mal tiempo | Visitante |
|---|---|
| | |
| | |
| | |

| Las condiciones climáticas | |
|---|---|
| AM | PM |
| | |

## Horario

| | | Problemas/retrasos |
|---|---|---|
| Fecha de realización: | | |
| Días antes de lo previsto: | | |
| Días de retraso: | | |

## Temas de seguridad | Accidentes/ Incidentes

| Temas de seguridad | Accidentes/ Incidentes |
|---|---|
| | |
| | |
| | |
| | |
| | |
| | |
| | |
| | |

## Resumen del trabajo realizado hoy

| Firmar: | Nombre: |
|---|---|
| | |

| Equipo en el sitio: | Unidades | Trabajar | |
|---|---|---|---|
| | | Sí | No |
| | | | |
| | | | |
| | | | |
| | | | |
| | | | |
| | | | |
| | | | |
| | | | |
| | | | |
| | | | |

| Empleados / Contratista | Acto | Compatible horario acordado | Horas extras |
|---|---|---|---|
| | | | |
| | | | |
| | | | |
| | | | |
| | | | |
| | | | |

| Materiales suministrados | Desde y precio | Equipo alquilado | Unidades |
|---|---|---|---|
| | | | |
| | | | |
| | | | |
| | | | |
| | | | |
| | | | |

**Notas**

| Fecha: | | Dia: | Lun | Mar | Mie | Jue | Vie | Sab | Dom |
|---|---|---|---|---|---|---|---|---|---|
| Capataz | | | | | | | | | |
| Contacto: | | | | | | | | | |

## Horas perdidas por mal tiempo | Visitante

## Las condiciones climáticas

| AM | PM |
|---|---|
| | |

## Horario | Problemas/retrasos

Fecha de realización:

Días antes de lo previsto:

Días de retraso:

## Temas de seguridad | Accidentes/ Incidentes

## Resumen del trabajo realizado hoy

Firmar:

Nombre:

| Equipo en el sitio: | Unidades | Trabajar | |
|---|---|---|---|
| | | Sí | No |
| | | | |
| | | | |
| | | | |
| | | | |
| | | | |
| | | | |
| | | | |
| | | | |
| | | | |

| Empleados / Contratista | Acto | Compatible horario acordado | Horas extras |
|---|---|---|---|
| | | | |
| | | | |
| | | | |
| | | | |
| | | | |
| | | | |
| | | | |

| Materiales suministrados | Desde y precio | Equipo alquilado | Unidades |
|---|---|---|---|
| | | | |
| | | | |
| | | | |
| | | | |
| | | | |
| | | | |
| | | | |
| | | | |

| Fecha: | | Dia: | Lun | Mar | Mie | Jue | Vie | Sab | Dom |
|---|---|---|---|---|---|---|---|---|---|
| Capataz | | | | | | | | | |
| Contacto: | | | | | | | | | |

| Horas perdidas por mal tiempo | Visitante |
|---|---|
| | |
| | |
| | |

| Las condiciones climáticas | |
|---|---|
| AM | PM |
| | |

| Horario | Problemas/retrasos |
|---|---|
| Fecha de realización: | |
| Días antes de lo previsto: | |
| Días de retraso: | |

| Temas de seguridad | Accidentes/ Incidentes |
|---|---|
| | |
| | |
| | |
| | |
| | |
| | |
| | |
| | |

## Resumen del trabajo realizado hoy

| Firmar: | Nombre: |
|---|---|
| | |

| Equipo en el sitio: | Unidades | Trabajar | |
| --- | --- | --- | --- |
| | | Sí | No |
| | | | |
| | | | |
| | | | |
| | | | |
| | | | |
| | | | |
| | | | |
| | | | |
| | | | |

| Empleados / Contratista | Acto | Compatible horario acordado | Horas extras |
| --- | --- | --- | --- |
| | | | |
| | | | |
| | | | |
| | | | |
| | | | |
| | | | |

| Materiales suministrados | Desde y precio | Equipo alquilado | Unidades |
| --- | --- | --- | --- |
| | | | |
| | | | |
| | | | |
| | | | |
| | | | |
| | | | |
| | | | |
| | | | |

**Notas**

| Fecha: | | Dia: | Lun  Mar  Mie  Jue  Vie  Sab  Dom |
|---|---|---|---|
| Capataz | | | |
| Contacto: | | | |

| Horas perdidas por mal tiempo | Visitante |
|---|---|
| | |
| | |
| | |

| Las condiciones climáticas | |
|---|---|
| AM | PM |
| | |

| Horario | Problemas/retrasos |
|---|---|
| Fecha de realización: | |
| Días antes de lo previsto: | |
| Días de retraso: | |

| Temas de seguridad | Accidentes/ Incidentes |
|---|---|
| | |
| | |
| | |
| | |
| | |
| | |
| | |
| | |

## Resumen del trabajo realizado hoy

| Firmar: | Nombre: |
|---|---|
| | |

| Equipo en el sitio: | Unidades | Trabajar | |
|---|---|---|---|
| | | Sí | No |
| | | | |
| | | | |
| | | | |
| | | | |
| | | | |
| | | | |
| | | | |
| | | | |
| | | | |
| | | | |

| Empleados / Contratista | Acto | Compatible horario acordado | Horas extras |
|---|---|---|---|
| | | | |
| | | | |
| | | | |
| | | | |
| | | | |

| Materiales suministrados | Desde y precio | Equipo alquilado | Unidades |
|---|---|---|---|
| | | | |
| | | | |
| | | | |
| | | | |
| | | | |
| | | | |
| | | | |

**Notas**

| Fecha: | | Dia: | Lun Mar Mie Jue Vie Sab Dom |
| --- | --- | --- | --- |
| Capataz | | | |
| Contacto: | | | |

| Horas perdidas por mal tiempo | Visitante |
| --- | --- |
| | |
| | |
| | |

| Las condiciones climáticas | |
| --- | --- |
| AM | PM |
| | |

| Horario | | Problemas/retrasos |
| --- | --- | --- |
| Fecha de realización: | | |
| Días antes de lo previsto: | | |
| Días de retraso: | | |

| Temas de seguridad | Accidentes/ Incidentes |
| --- | --- |
| | |
| | |
| | |
| | |
| | |
| | |
| | |

## Resumen del trabajo realizado hoy

| |
| --- |
| |
| |
| |
| |
| |
| |

| Firmar: | Nombre: |
| --- | --- |
| | |

| Equipo en el sitio: | Unidades | Trabajar | |
| --- | --- | --- | --- |
| | | Sí | No |
| | | | |
| | | | |
| | | | |
| | | | |
| | | | |
| | | | |
| | | | |
| | | | |
| | | | |
| | | | |

| Empleados / Contratista | Acto | Compatible horario acordado | Horas extras |
| --- | --- | --- | --- |
| | | | |
| | | | |
| | | | |
| | | | |
| | | | |
| | | | |

| Materiales suministrados | Desde y precio | Equipo alquilado | Unidades |
| --- | --- | --- | --- |
| | | | |
| | | | |
| | | | |
| | | | |
| | | | |
| | | | |
| | | | |
| | | | |

**Notas**

| Fecha: | | Dia: | Lun | Mar | Mie | Jue | Vie | Sab | Dom |
|---|---|---|---|---|---|---|---|---|---|
| Capataz | | | | | | | | | |
| Contacto: | | | | | | | | | |

| Horas perdidas por mal tiempo | Visitante |
|---|---|
| | |
| | |
| | |

| Las condiciones climáticas | |
|---|---|
| AM | PM |
| | |

| Horario | Problemas/retrasos |
|---|---|
| Fecha de realización: | |
| Días antes de lo previsto: | |
| Días de retraso: | |

| Temas de seguridad | Accidentes/ Incidentes |
|---|---|
| | |
| | |
| | |
| | |
| | |
| | |
| | |

## Resumen del trabajo realizado hoy

| Firmar: | Nombre: |
|---|---|
| | |

| Equipo en el sitio: | Unidades | Trabajar | |
| --- | --- | --- | --- |
| | | Sí | No |
| | | | |
| | | | |
| | | | |
| | | | |
| | | | |
| | | | |
| | | | |
| | | | |
| | | | |
| | | | |

| Empleados / Contratista | Acto | Compatible horario acordado | Horas extras |
| --- | --- | --- | --- |
| | | | |
| | | | |
| | | | |
| | | | |
| | | | |
| | | | |
| | | | |

| Materiales suministrados | Desde y precio | Equipo alquilado | Unidades |
| --- | --- | --- | --- |
| | | | |
| | | | |
| | | | |
| | | | |
| | | | |
| | | | |
| | | | |

**Notas**

| Fecha: | | Dia: | Lun | Mar | Mie | Jue | Vie | Sab | Dom |
|---|---|---|---|---|---|---|---|---|---|
| Capataz | | | | | | | | | |
| Contacto: | | | | | | | | | |

| Horas perdidas por mal tiempo | Visitante |
|---|---|
| | |
| | |
| | |

## Las condiciones climáticas

| AM | PM |
|---|---|
| | |

| Horario | Problemas/retrasos |
|---|---|
| Fecha de realización: | |
| Días antes de lo previsto: | |
| Días de retraso: | |

| Temas de seguridad | Accidentes/ Incidentes |
|---|---|
| | |
| | |
| | |
| | |
| | |
| | |
| | |
| | |

## Resumen del trabajo realizado hoy

| Firmar: | Nombre: |
|---|---|
| | |

| Equipo en el sitio: | Unidades | Trabajar | |
|---|---|---|---|
| | | Sí | No |
| | | | |
| | | | |
| | | | |
| | | | |
| | | | |
| | | | |
| | | | |
| | | | |
| | | | |

| Empleados / Contratista | Acto | Compatible horario acordado | Horas extras |
|---|---|---|---|
| | | | |
| | | | |
| | | | |
| | | | |
| | | | |
| | | | |
| | | | |

| Materiales suministrados | Desde y precio | Equipo alquilado | Unidades |
|---|---|---|---|
| | | | |
| | | | |
| | | | |
| | | | |
| | | | |
| | | | |
| | | | |
| | | | |

**Notas**

| Fecha: | | Dia: | Lun | Mar | Mie | Jue | Vie | Sab | Dom |

Capataz

Contacto:

| Horas perdidas por mal tiempo | Visitante |
| --- | --- |
| | |
| | |
| | |

| Las condiciones climáticas | |
| --- | --- |
| AM | PM |
| | |

| Horario | Problemas/retrasos |
| --- | --- |
| Fecha de realización: | |
| Días antes de lo previsto: | |
| Días de retraso: | |

| Temas de seguridad | Accidentes/ Incidentes |
| --- | --- |
| | |
| | |
| | |
| | |
| | |
| | |
| | |
| | |

## Resumen del trabajo realizado hoy

| Firmar: | Nombre: |
| --- | --- |

| Equipo en el sitio: | Unidades | Trabajar | |
| --- | --- | --- | --- |
| | | Sí | No |
| | | | |
| | | | |
| | | | |
| | | | |
| | | | |
| | | | |
| | | | |
| | | | |
| | | | |
| | | | |

| Empleados / Contratista | Acto | Compatible horario acordado | Horas extras |
| --- | --- | --- | --- |
| | | | |
| | | | |
| | | | |
| | | | |
| | | | |
| | | | |

| Materiales suministrados | Desde y precio | Equipo alquilado | Unidades |
| --- | --- | --- | --- |
| | | | |
| | | | |
| | | | |
| | | | |
| | | | |
| | | | |
| | | | |

**Notas**

| Fecha: | | Dia: | Lun | Mar | Mie | Jue | Vie | Sab | Dom |
|---|---|---|---|---|---|---|---|---|---|
| Capataz | | | | | | | | | |
| Contacto: | | | | | | | | | |

| Horas perdidas por mal tiempo | Visitante |
|---|---|
| | |
| | |
| | |

## Las condiciones climáticas

| AM | PM |
|---|---|
| | |

| Horario | Problemas/retrasos |
|---|---|
| Fecha de realización: | |
| Días antes de lo previsto: | |
| Días de retraso: | |

| Temas de seguridad | Accidentes/ Incidentes |
|---|---|
| | |
| | |
| | |
| | |
| | |
| | |
| | |
| | |

## Resumen del trabajo realizado hoy

| Firmar: | Nombre: |
|---|---|
| | |

| Equipo en el sitio: | Unidades | Trabajar | |
| --- | --- | --- | --- |
| | | Sí | No |
| | | | |
| | | | |
| | | | |
| | | | |
| | | | |
| | | | |
| | | | |
| | | | |

| Empleados / Contratista | Acto | Compatible horario acordado | Horas extras |
| --- | --- | --- | --- |
| | | | |
| | | | |
| | | | |
| | | | |
| | | | |
| | | | |

| Materiales suministrados | Desde y precio | Equipo alquilado | Unidades |
| --- | --- | --- | --- |
| | | | |
| | | | |
| | | | |
| | | | |
| | | | |
| | | | |
| | | | |

**Notas**

| Fecha: | | Dia: | Lun | Mar | Mie | Jue | Vie | Sab | Dom |
|---|---|---|---|---|---|---|---|---|---|
| Capataz | | | | | | | | | |
| Contacto: | | | | | | | | | |

| Horas perdidas por mal tiempo | Visitante |
|---|---|
| | |
| | |
| | |

### Las condiciones climáticas

| AM | PM |
|---|---|
| | |

| Horario | Problemas/retrasos |
|---|---|
| Fecha de realización. | |
| Días antes de lo previsto: | |
| Días de retraso: | |

| Temas de seguridad | Accidentes/ Incidentes |
|---|---|
| | |
| | |
| | |
| | |
| | |
| | |
| | |
| | |

### Resumen del trabajo realizado hoy

| Firmar: | Nombre: |
|---|---|
| | |

| Equipo en el sitio: | Unidades | Trabajar | |
| --- | --- | --- | --- |
| | | Sí | No |
| | | | |
| | | | |
| | | | |
| | | | |
| | | | |
| | | | |
| | | | |
| | | | |
| | | | |
| | | | |

| Empleados / Contratista | Acto | Compatible horario acordado | Horas extras |
| --- | --- | --- | --- |
| | | | |
| | | | |
| | | | |
| | | | |
| | | | |
| | | | |
| | | | |

| Materiales suministrados | Desde y precio | Equipo alquilado | Unidades |
| --- | --- | --- | --- |
| | | | |
| | | | |
| | | | |
| | | | |
| | | | |
| | | | |
| | | | |

**Notas**

| Fecha: | | Dia: | Lun Mar Mie Jue Vie Sab Dom |
|---|---|---|---|
| Capataz | | | |
| Contacto: | | | |

## Horas perdidas por mal tiempo

## Visitante

### Las condiciones climáticas

| AM | PM |
|---|---|
| | |

## Horario

Fecha de realización:

Días antes de lo previsto:

Días de retraso:

## Problemas/retrasos

## Temas de seguridad

## Accidentes/ Incidentes

## Resumen del trabajo realizado hoy

Firmar:

Nombre:

| Equipo en el sitio: | Unidades | Trabajar | |
|---|---|---|---|
| | | Sí | No |
| | | | |
| | | | |
| | | | |
| | | | |
| | | | |
| | | | |
| | | | |
| | | | |
| | | | |

| Empleados / Contratista | Acto | Compatible horario acordado | Horas extras |
|---|---|---|---|
| | | | |
| | | | |
| | | | |
| | | | |
| | | | |
| | | | |

| Materiales suministrados | Desde y precio | Equipo alquilado | Unidades |
|---|---|---|---|
| | | | |
| | | | |
| | | | |
| | | | |
| | | | |
| | | | |
| | | | |
| | | | |

**Notas**

| Fecha: |  | Dia: | Lun | Mar | Mie | Jue | Vie | Sab | Dom |
|---|---|---|---|---|---|---|---|---|---|
| Capataz |  |  |  |  |  |  |  |  |  |
| Contacto: |  |  |  |  |  |  |  |  |  |

| Horas perdidas por mal tiempo | Visitante |
|---|---|
|  |  |
|  |  |
|  |  |

### Las condiciones climáticas

| AM | PM |
|---|---|
|  |  |

| Horario | Problemas/retrasos |
|---|---|
| Fecha de realización: |  |
| Días antes de lo previsto: |  |
| Días de retraso: |  |

| Temas de seguridad | Accidentes/ Incidentes |
|---|---|
|  |  |
|  |  |
|  |  |
|  |  |
|  |  |
|  |  |
|  |  |

### Resumen del trabajo realizado hoy

|  |
|---|
|  |

| Firmar: | Nombre: |
|---|---|
|  |  |

| Equipo en el sitio: | Unidades | Trabajar | |
| --- | --- | --- | --- |
| | | Sí | No |
| | | | |
| | | | |
| | | | |
| | | | |
| | | | |
| | | | |
| | | | |
| | | | |
| | | | |

| Empleados / Contratista | Acto | Compatible horario acordado | Horas extras |
| --- | --- | --- | --- |
| | | | |
| | | | |
| | | | |
| | | | |
| | | | |
| | | | |

| Materiales suministrados | Desde y precio | Equipo alquilado | Unidades |
| --- | --- | --- | --- |
| | | | |
| | | | |
| | | | |
| | | | |
| | | | |

**Notas**

| Fecha: | | Dia: | Lun | Mar | Mie | Jue | Vie | Sab | Dom |
| --- | --- | --- | --- | --- | --- | --- | --- | --- | --- |
| Capataz | | | | | | | | | |
| Contacto: | | | | | | | | | |

| Horas perdidas por mal tiempo | Visitante |
| --- | --- |
| | |
| | |
| | |

| Las condiciones climáticas | |
| --- | --- |
| AM | PM |
| | |

| Horario | Problemas/retrasos |
| --- | --- |
| Fecha de realización. | |
| Días antes de lo previsto: | |
| Días de retraso: | |

| Temas de seguridad | Accidentes/ Incidentes |
| --- | --- |
| | |
| | |
| | |
| | |
| | |
| | |
| | |
| | |

## Resumen del trabajo realizado hoy

| Firmar: | Nombre: |
| --- | --- |
| | |

| Equipo en el sitio: | Unidades | Trabajar | |
| --- | --- | --- | --- |
| | | Sí | No |
| | | | |
| | | | |
| | | | |
| | | | |
| | | | |
| | | | |
| | | | |
| | | | |
| | | | |
| | | | |

| Empleados / Contratista | Acto | Compatible horario acordado | Horas extras |
| --- | --- | --- | --- |
| | | | |
| | | | |
| | | | |
| | | | |
| | | | |

| Materiales suministrados | Desde y precio | Equipo alquilado | Unidades |
| --- | --- | --- | --- |
| | | | |
| | | | |
| | | | |
| | | | |
| | | | |
| | | | |
| | | | |
| | | | |

**Notas**

| Fecha: | | Dia: | Lun | Mar | Mie | Jue | Vie | Sab | Dom |

**Capataz**

**Contacto:**

| Horas perdidas por mal tiempo | Visitante |
|---|---|
| | |
| | |
| | |

| Las condiciones climáticas | |
|---|---|
| AM | PM |
| | |

| Horario | Problemas/retrasos |
|---|---|
| Fecha de realización: | |
| Días antes de lo previsto: | |
| Días de retraso: | |

| Temas de seguridad | Accidentes/ Incidentes |
|---|---|
| | |
| | |
| | |
| | |
| | |
| | |
| | |
| | |

## Resumen del trabajo realizado hoy

| Firmar: | Nombre: |
|---|---|

| Equipo en el sitio: | Unidades | Trabajar | |
| --- | --- | --- | --- |
| | | Sí | No |
| | | | |
| | | | |
| | | | |
| | | | |
| | | | |
| | | | |
| | | | |
| | | | |
| | | | |
| | | | |

| Empleados / Contratista | Acto | Compatible horario acordado | Horas extras |
| --- | --- | --- | --- |
| | | | |
| | | | |
| | | | |
| | | | |
| | | | |
| | | | |

| Materiales suministrados | Desde y precio | Equipo alquilado | Unidades |
| --- | --- | --- | --- |
| | | | |
| | | | |
| | | | |
| | | | |
| | | | |
| | | | |
| | | | |
| | | | |

**Notas**

| Fecha: | | Dia: | Lun | Mar | Mie | Jue | Vie | Sab | Dom |
|---|---|---|---|---|---|---|---|---|---|
| Capataz | | | | | | | | | |
| Contacto: | | | | | | | | | |

| Horas perdidas por mal tiempo | Visitante |
|---|---|
| | |
| | |
| | |

### Las condiciones climáticas

| AM | PM |
|---|---|
| | |

| Horario | Problemas/retrasos |
|---|---|
| Fecha de realización: | |
| Días antes de lo previsto: | |
| Días de retraso: | |

| Temas de seguridad | Accidentes/ Incidentes |
|---|---|
| | |
| | |
| | |
| | |
| | |
| | |
| | |
| | |

### Resumen del trabajo realizado hoy

| Firmar: | Nombre: |
|---|---|
| | |

| Equipo en el sitio: | Unidades | Trabajar | |
|---|---|---|---|
| | | Sí | No |
| | | | |
| | | | |
| | | | |
| | | | |
| | | | |
| | | | |
| | | | |
| | | | |
| | | | |

| Empleados / Contratista | Acto | Compatible horario acordado | Horas extras |
|---|---|---|---|
| | | | |
| | | | |
| | | | |
| | | | |
| | | | |
| | | | |
| | | | |

| Materiales suministrados | Desde y precio | Equipo alquilado | Unidades |
|---|---|---|---|
| | | | |
| | | | |
| | | | |
| | | | |
| | | | |
| | | | |
| | | | |
| | | | |

**Notas**

| Fecha: | | Dia: | Lun | Mar | Mie | Jue | Vie | Sab | Dom |

**Capataz**

**Contacto:**

| Horas perdidas por mal tiempo | Visitante |
| --- | --- |
| | |
| | |
| | |

| Las condiciones climáticas | |
| --- | --- |
| AM | PM |
| | |

| Horario | Problemas/retrasos |
| --- | --- |
| Fecha de realización: | |
| Días antes de lo previsto: | |
| Dias de retraso: | |

| Temas de seguridad | Accidentes/ Incidentes |
| --- | --- |
| | |
| | |
| | |
| | |
| | |
| | |
| | |
| | |

## Resumen del trabajo realizado hoy

| Firmar: | Nombre: |
| --- | --- |
| | |

| Equipo en el sitio: | Unidades | Trabajar | |
|---|---|---|---|
| | | Sí | No |
| | | | |
| | | | |
| | | | |
| | | | |
| | | | |
| | | | |
| | | | |
| | | | |
| | | | |

| Empleados / Contratista | Acto | Compatible horario acordado | Horas extras |
|---|---|---|---|
| | | | |
| | | | |
| | | | |
| | | | |
| | | | |
| | | | |

| Materiales suministrados | Desde y precio | Equipo alquilado | Unidades |
|---|---|---|---|
| | | | |
| | | | |
| | | | |
| | | | |
| | | | |
| | | | |
| | | | |

**Notas**

| Fecha: | | Dia: | Lun | Mar | Mie | Jue | Vie | Sab | Dom |
|---|---|---|---|---|---|---|---|---|---|
| Capataz | | | | | | | | | |
| Contacto: | | | | | | | | | |

| Horas perdidas por mal tiempo | Visitante |
|---|---|
| | |
| | |
| | |

### Las condiciones climáticas

| AM | PM |
|---|---|
| | |

| Horario | Problemas/retrasos |
|---|---|
| Fecha de realización: | |
| Días antes de lo previsto: | |
| Días de retraso: | |

| Temas de seguridad | Accidentes/ Incidentes |
|---|---|
| | |
| | |
| | |
| | |
| | |
| | |
| | |

### Resumen del trabajo realizado hoy

| Firmar: | Nombre: |
|---|---|
| | |

| Equipo en el sitio: | Unidades | Trabajar | |
| --- | --- | --- | --- |
| | | Sí | No |
| | | | |
| | | | |
| | | | |
| | | | |
| | | | |
| | | | |
| | | | |
| | | | |
| | | | |

| Empleados / Contratista | Acto | Compatible horario acordado | Horas extras |
| --- | --- | --- | --- |
| | | | |
| | | | |
| | | | |
| | | | |
| | | | |
| | | | |
| | | | |

| Materiales suministrados | Desde y precio | Equipo alquilado | Unidades |
| --- | --- | --- | --- |
| | | | |
| | | | |
| | | | |
| | | | |
| | | | |
| | | | |
| | | | |
| | | | |

**Notas**

| Fecha: | | Dia: | Lun | Mar | Mie | Jue | Vie | Sab | Dom |
|---|---|---|---|---|---|---|---|---|---|
| Capataz | | | | | | | | | |
| Contacto: | | | | | | | | | |

## Horas perdidas por mal tiempo

## Visitante

### Las condiciones climáticas

| AM | PM |
|---|---|

## Horario

Fecha de realización:

Días antes de lo previsto:

Días de retraso:

## Problemas/retrasos

## Temas de seguridad

## Accidentes/ Incidentes

## Resumen del trabajo realizado hoy

Firmar:

Nombre:

| Equipo en el sitio: | Unidades | Trabajar | |
| --- | --- | --- | --- |
| | | Sí | No |
| | | | |
| | | | |
| | | | |
| | | | |
| | | | |
| | | | |
| | | | |
| | | | |
| | | | |

| Empleados / Contratista | Acto | Compatible horario acordado | Horas extras |
| --- | --- | --- | --- |
| | | | |
| | | | |
| | | | |
| | | | |
| | | | |
| | | | |
| | | | |

| Materiales suministrados | Desde y precio | Equipo alquilado | Unidades |
| --- | --- | --- | --- |
| | | | |
| | | | |
| | | | |
| | | | |
| | | | |
| | | | |
| | | | |

**Notas**

| Fecha: | | Dia: | Lun | Mar | Mie | Jue | Vie | Sab | Dom |
|---|---|---|---|---|---|---|---|---|---|
| Capataz | | | | | | | | | |
| Contacto: | | | | | | | | | |

| Horas perdidas por mal tiempo | Visitante |
|---|---|
| | |
| | |
| | |

### Las condiciones climáticas

| AM | PM |
|---|---|
| | |

| Horario | Problemas/retrasos |
|---|---|
| Fecha de realización: | |
| Días antes de lo previsto: | |
| Días de retraso: | |

| Temas de seguridad | Accidentes/ Incidentes |
|---|---|
| | |
| | |
| | |
| | |
| | |
| | |
| | |
| | |

### Resumen del trabajo realizado hoy

| Firmar: | Nombre: |
|---|---|
| | |

| Equipo en el sitio: | Unidades | Trabajar | |
| --- | --- | --- | --- |
| | | Sí | No |
| | | | |
| | | | |
| | | | |
| | | | |
| | | | |
| | | | |
| | | | |
| | | | |
| | | | |

| Empleados / Contratista | Acto | Compatible horario acordado | Horas extras |
| --- | --- | --- | --- |
| | | | |
| | | | |
| | | | |
| | | | |
| | | | |
| | | | |

| Materiales suministrados | Desde y precio | Equipo alquilado | Unidades |
| --- | --- | --- | --- |
| | | | |
| | | | |
| | | | |
| | | | |
| | | | |
| | | | |
| | | | |

**Notas**

| Fecha: | | Dia: | Lun Mar Mie Jue Vie Sab Dom |
| --- | --- | --- | --- |

Capataz

Contacto:

| Horas perdidas por mal tiempo | Visitante |
| --- | --- |
| | |
| | |
| | |

| Las condiciones climáticas | |
| --- | --- |
| AM | PM |
| | |

| Horario | Problemas/retrasos |
| --- | --- |
| Fecha de realización. | |
| Días antes de lo previsto: | |
| Días de retraso: | |

| Temas de seguridad | Accidentes/ Incidentes |
| --- | --- |
| | |
| | |
| | |
| | |
| | |
| | |
| | |
| | |

## Resumen del trabajo realizado hoy

| Firmar: | Nombre: |
| --- | --- |
| | |

| Equipo en el sitio: | Unidades | Trabajar | |
| --- | --- | --- | --- |
| | | Sí | No |
| | | | |
| | | | |
| | | | |
| | | | |
| | | | |
| | | | |
| | | | |
| | | | |
| | | | |
| | | | |

| Empleados / Contratista | Acto | Compatible horario acordado | Horas extras |
| --- | --- | --- | --- |
| | | | |
| | | | |
| | | | |
| | | | |
| | | | |
| | | | |
| | | | |

| Materiales suministrados | Desde y precio | Equipo alquilado | Unidades |
| --- | --- | --- | --- |
| | | | |
| | | | |
| | | | |
| | | | |
| | | | |
| | | | |
| | | | |

**Notas**

| Fecha: | | Dia: | Lun | Mar | Mie | Jue | Vie | Sab | Dom |
|---|---|---|---|---|---|---|---|---|---|
| Capataz | | | | | | | | | |
| Contacto: | | | | | | | | | |

| Horas perdidas por mal tiempo | Visitante |
|---|---|
| | |
| | |
| | |

### Las condiciones climáticas

| AM | PM |
|---|---|
| | |

| Horario | Problemas/retrasos |
|---|---|
| Fecha de realización: | |
| Días antes de lo previsto: | |
| Días de retraso: | |

| Temas de seguridad | Accidentes/ Incidentes |
|---|---|
| | |
| | |
| | |
| | |
| | |
| | |
| | |
| | |

### Resumen del trabajo realizado hoy

| Firmar: | Nombre: |
|---|---|
| | |

| Equipo en el sitio: | Unidades | Trabajar | |
| --- | --- | --- | --- |
| | | Sí | No |
| | | | |
| | | | |
| | | | |
| | | | |
| | | | |
| | | | |
| | | | |
| | | | |
| | | | |
| | | | |

| Empleados / Contratista | Acto | Compatible horario acordado | Horas extras |
| --- | --- | --- | --- |
| | | | |
| | | | |
| | | | |
| | | | |
| | | | |
| | | | |
| | | | |

| Materiales suministrados | Desde y precio | Equipo alquilado | Unidades |
| --- | --- | --- | --- |
| | | | |
| | | | |
| | | | |
| | | | |
| | | | |
| | | | |
| | | | |

**Notas**

| Fecha: | | Dia: | Lun | Mar | Mie | Jue | Vie | Sab | Dom |
|---|---|---|---|---|---|---|---|---|---|
| Capataz | | | | | | | | | |
| Contacto: | | | | | | | | | |

| Horas perdidas por mal tiempo | Visitante |
|---|---|
| | |
| | |
| | |
| | |

## Las condiciones climáticas

| AM | PM |
|---|---|
| | |

| Horario | Problemas/retrasos |
|---|---|
| Fecha de realización: | |
| Días antes de lo previsto: | |
| Días de retraso: | |

| Temas de seguridad | Accidentes/ Incidentes |
|---|---|
| | |
| | |
| | |
| | |
| | |
| | |
| | |
| | |

## Resumen del trabajo realizado hoy

| Firmar: | Nombre: |
|---|---|
| | |

| Equipo en el sitio: | Unidades | Trabajar | |
| --- | --- | --- | --- |
| | | Sí | No |
| | | | |
| | | | |
| | | | |
| | | | |
| | | | |
| | | | |
| | | | |
| | | | |
| | | | |
| | | | |

| Empleados / Contratista | Acto | Compatible horario acordado | Horas extras |
| --- | --- | --- | --- |
| | | | |
| | | | |
| | | | |
| | | | |
| | | | |
| | | | |

| Materiales suministrados | Desde y precio | Equipo alquilado | Unidades |
| --- | --- | --- | --- |
| | | | |
| | | | |
| | | | |
| | | | |
| | | | |
| | | | |
| | | | |

**Notas**

| Fecha: | | Dia: | Lun Mar Mie Jue Vie Sab Dom |
|---|---|---|---|

**Capataz**

**Contacto:**

## Horas perdidas por mal tiempo

## Visitante

## Las condiciones climáticas

| AM | PM |
|---|---|

## Horario

Fecha de realización:

Días antes de lo previsto:

Días de retraso:

## Problemas/retrasos

## Temas de seguridad

## Accidentes/ Incidentes

## Resumen del trabajo realizado hoy

**Firmar:**

**Nombre:**

| Equipo en el sitio: | Unidades | Trabajar | |
| --- | --- | --- | --- |
| | | Sí | No |
| | | | |
| | | | |
| | | | |
| | | | |
| | | | |
| | | | |
| | | | |
| | | | |
| | | | |

| Empleados / Contratista | Acto | Compatible horario acordado | Horas extras |
| --- | --- | --- | --- |
| | | | |
| | | | |
| | | | |
| | | | |
| | | | |
| | | | |
| | | | |

| Materiales suministrados | Desde y precio | Equipo alquilado | Unidades |
| --- | --- | --- | --- |
| | | | |
| | | | |
| | | | |
| | | | |
| | | | |
| | | | |
| | | | |

**Notas**

| Fecha: | | Dia: | Lun | Mar | Mie | Jue | Vie | Sab | Dom |
|---|---|---|---|---|---|---|---|---|---|
| Capataz | | | | | | | | | |
| Contacto: | | | | | | | | | |

| Horas perdidas por mal tiempo | Visitante |
|---|---|
| | |
| | |
| | |

| Las condiciones climáticas | |
|---|---|
| AM | PM |
| | |

| Horario | Problemas/retrasos |
|---|---|
| Fecha de realización: | |
| Días antes de lo previsto: | |
| Días de retraso: | |

| Temas de seguridad | Accidentes/ Incidentes |
|---|---|
| | |
| | |
| | |
| | |
| | |
| | |
| | |

## Resumen del trabajo realizado hoy

| Firmar: | Nombre: |
|---|---|
| | |

| Equipo en el sitio: | Unidades | Trabajar | |
| --- | --- | --- | --- |
| | | Sí | No |
| | | | |
| | | | |
| | | | |
| | | | |
| | | | |
| | | | |
| | | | |
| | | | |
| | | | |
| | | | |

| Empleados / Contratista | Acto | Compatible horario acordado | Horas extras |
| --- | --- | --- | --- |
| | | | |
| | | | |
| | | | |
| | | | |
| | | | |
| | | | |

| Materiales suministrados | Desde y precio | Equipo alquilado | Unidades |
| --- | --- | --- | --- |
| | | | |
| | | | |
| | | | |
| | | | |
| | | | |
| | | | |
| | | | |

**Notas**

| Fecha: | | Dia: | Lun Mar Mie Jue Vie Sab Dom |
| Capataz | | | |
| Contacto: | | | |

## Horas perdidas por mal tiempo

## Visitante

### Las condiciones climáticas

| AM | PM |
| --- | --- |

## Horario

Fecha de realización:

Días antes de lo previsto:

Días de retraso:

## Problemas/retrasos

## Temas de seguridad

## Accidentes/ Incidentes

## Resumen del trabajo realizado hoy

**Firmar:**

**Nombre:**

| Equipo en el sitio: | Unidades | Trabajar | |
| --- | --- | --- | --- |
| | | Sí | No |
| | | | |
| | | | |
| | | | |
| | | | |
| | | | |
| | | | |
| | | | |
| | | | |
| | | | |

| Empleados / Contratista | Acto | Compatible horario acordado | Horas extras |
| --- | --- | --- | --- |
| | | | |
| | | | |
| | | | |
| | | | |
| | | | |
| | | | |

| Materiales suministrados | Desde y precio | Equipo alquilado | Unidades |
| --- | --- | --- | --- |
| | | | |
| | | | |
| | | | |
| | | | |
| | | | |
| | | | |
| | | | |

**Notas**

| Fecha: | | Dia: | Lun | Mar | Mie | Jue | Vie | Sab | Dom |
|---|---|---|---|---|---|---|---|---|---|
| Capataz | | | | | | | | | |
| Contacto: | | | | | | | | | |

| Horas perdidas por mal tiempo | Visitante |
|---|---|
| | |
| | |
| | |

| Las condiciones climáticas | |
|---|---|
| AM | PM |
| | |

| Horario | Problemas/retrasos |
|---|---|
| Fecha de realización: | |
| Días antes de lo previsto: | |
| Días de retraso: | |

| Temas de seguridad | Accidentes/ Incidentes |
|---|---|
| | |
| | |
| | |
| | |
| | |
| | |
| | |

## Resumen del trabajo realizado hoy

**Firmar:**

**Nombre:**

| Equipo en el sitio: | Unidades | Trabajar | |
| --- | --- | --- | --- |
| | | Sí | No |
| | | | |
| | | | |
| | | | |
| | | | |
| | | | |
| | | | |
| | | | |
| | | | |
| | | | |
| | | | |

| Empleados / Contratista | Acto | Compatible horario acordado | Horas extras |
| --- | --- | --- | --- |
| | | | |
| | | | |
| | | | |
| | | | |
| | | | |
| | | | |

| Materiales suministrados | Desde y precio | Equipo alquilado | Unidades |
| --- | --- | --- | --- |
| | | | |
| | | | |
| | | | |
| | | | |
| | | | |
| | | | |
| | | | |

**Notas**

| Fecha: | | Dia: | Lun | Mar | Mie | Jue | Vie | Sab | Dom |
| --- | --- | --- | --- | --- | --- | --- | --- | --- | --- |
| Capataz | | | | | | | | | |
| Contacto: | | | | | | | | | |

| Horas perdidas por mal tiempo | Visitante |
| --- | --- |
| | |
| | |
| | |

| Las condiciones climáticas | |
| --- | --- |
| AM | PM |
| | |

| Horario | Problemas/retrasos |
| --- | --- |
| Fecha de realización: | |
| Días antes de lo previsto: | |
| Días de retraso: | |

| Temas de seguridad | Accidentes/ Incidentes |
| --- | --- |
| | |
| | |
| | |
| | |
| | |
| | |
| | |
| | |

## Resumen del trabajo realizado hoy

| Firmar: | Nombre: |
| --- | --- |
| | |

| Equipo en el sitio: | Unidades | Trabajar | |
|---|---|---|---|
| | | Sí | No |
| | | | |
| | | | |
| | | | |
| | | | |
| | | | |
| | | | |
| | | | |
| | | | |
| | | | |

| Empleados / Contratista | Acto | Compatible horario acordado | Horas extras |
|---|---|---|---|
| | | | |
| | | | |
| | | | |
| | | | |
| | | | |
| | | | |

| Materiales suministrados | Desde y precio | Equipo alquilado | Unidades |
|---|---|---|---|
| | | | |
| | | | |
| | | | |
| | | | |
| | | | |
| | | | |
| | | | |

**Notas**

| Fecha: | | Dia: | Lun | Mar | Mie | Jue | Vie | Sab | Dom |
|---|---|---|---|---|---|---|---|---|---|
| Capataz | | | | | | | | | |
| Contacto: | | | | | | | | | |

| Horas perdidas por mal tiempo | Visitante |
|---|---|
| | |
| | |
| | |

### Las condiciones climáticas

| AM | PM |
|---|---|
| | |

| Horario | Problemas/retrasos |
|---|---|
| Fecha de realización: | |
| Días antes de lo previsto: | |
| Días de retraso: | |

| Temas de seguridad | Accidentes/ Incidentes |
|---|---|
| | |
| | |
| | |
| | |
| | |
| | |
| | |
| | |

### Resumen del trabajo realizado hoy

| Firmar: | Nombre: |
|---|---|
| | |

| Equipo en el sitio: | Unidades | Trabajar | |
|---|---|---|---|
| | | Sí | No |
| | | | |
| | | | |
| | | | |
| | | | |
| | | | |
| | | | |
| | | | |
| | | | |
| | | | |

| Empleados / Contratista | Acto | Compatible horario acordado | Horas extras |
|---|---|---|---|
| | | | |
| | | | |
| | | | |
| | | | |
| | | | |
| | | | |

| Materiales suministrados | Desde y precio | Equipo alquilado | Unidades |
|---|---|---|---|
| | | | |
| | | | |
| | | | |
| | | | |
| | | | |
| | | | |
| | | | |

**Notas**

| Fecha: | | Dia: | Lun Mar Mie Jue Vie Sab Dom |
|---|---|---|---|
| Capataz | | | |
| Contacto: | | | |

| Horas perdidas por mal tiempo | Visitante |
|---|---|
| | |
| | |
| | |

### Las condiciones climáticas

| AM | PM |
|---|---|
| | |

| Horario | Problemas/retrasos |
|---|---|
| Fecha de realización: | |
| Días antes de lo previsto: | |
| Días de retraso: | |

| Temas de seguridad | Accidentes/ Incidentes |
|---|---|
| | |
| | |
| | |
| | |
| | |
| | |
| | |
| | |

### Resumen del trabajo realizado hoy

| Firmar: | Nombre: |
|---|---|
| | |

| Equipo en el sitio: | Unidades | Trabajar | |
| --- | --- | --- | --- |
| | | Sí | No |
| | | | |
| | | | |
| | | | |
| | | | |
| | | | |
| | | | |
| | | | |
| | | | |
| | | | |
| | | | |

| Empleados / Contratista | Acto | Compatible horario acordado | Horas extras |
| --- | --- | --- | --- |
| | | | |
| | | | |
| | | | |
| | | | |
| | | | |
| | | | |

| Materiales suministrados | Desde y precio | Equipo alquilado | Unidades |
| --- | --- | --- | --- |
| | | | |
| | | | |
| | | | |
| | | | |
| | | | |
| | | | |
| | | | |

**Notas**

| Fecha: | | Dia: | Lun Mar Mie Jue Vie Sab Dom |
|---|---|---|---|
| Capataz | | | |
| Contacto: | | | |

## Horas perdidas por mal tiempo

## Visitante

## Las condiciones climáticas

| AM | PM |
|---|---|

| Horario | Problemas/retrasos |
|---|---|
| Fecha de realización: | |
| Días antes de lo previsto: | |
| Días de retraso: | |

| Temas de seguridad | Accidentes/ Incidentes |
|---|---|

## Resumen del trabajo realizado hoy

| Firmar: | Nombre: |
|---|---|

| Equipo en el sitio: | Unidades | Trabajar | |
| --- | --- | --- | --- |
| | | Sí | No |
| | | | |
| | | | |
| | | | |
| | | | |
| | | | |
| | | | |
| | | | |
| | | | |
| | | | |
| | | | |

| Empleados / Contratista | Acto | Compatible horario acordado | Horas extras |
| --- | --- | --- | --- |
| | | | |
| | | | |
| | | | |
| | | | |
| | | | |
| | | | |
| | | | |

| Materiales suministrados | Desde y precio | Equipo alquilado | Unidades |
| --- | --- | --- | --- |
| | | | |
| | | | |
| | | | |
| | | | |
| | | | |
| | | | |
| | | | |
| | | | |

**Notas**

| Fecha: | | Dia: | Lun | Mar | Mie | Jue | Vie | Sab | Dom |
|---|---|---|---|---|---|---|---|---|---|
| Capataz | | | | | | | | | |
| Contacto: | | | | | | | | | |

| Horas perdidas por mal tiempo | Visitante |
|---|---|
| | |
| | |
| | |

### Las condiciones climáticas

| AM | PM |
|---|---|
| | |

| Horario | Problemas/retrasos |
|---|---|
| Fecha de realización: | |
| Días antes de lo previsto: | |
| Días de retraso: | |

| Temas de seguridad | Accidentes/ Incidentes |
|---|---|
| | |
| | |
| | |
| | |
| | |
| | |
| | |
| | |

### Resumen del trabajo realizado hoy

| Firmar: | Nombre: |
|---|---|
| | |

| Equipo en el sitio: | Unidades | Trabajar | |
| --- | --- | --- | --- |
| | | Sí | No |
| | | | |
| | | | |
| | | | |
| | | | |
| | | | |
| | | | |
| | | | |
| | | | |
| | | | |
| | | | |

| Empleados / Contratista | Acto | Compatible horario acordado | Horas extras |
| --- | --- | --- | --- |
| | | | |
| | | | |
| | | | |
| | | | |
| | | | |
| | | | |

| Materiales suministrados | Desde y precio | Equipo alquilado | Unidades |
| --- | --- | --- | --- |
| | | | |
| | | | |
| | | | |
| | | | |
| | | | |
| | | | |
| | | | |
| | | | |

**Notas**

| Fecha: | | Dia: | Lun | Mar | Mie | Jue | Vie | Sab | Dom |
|---|---|---|---|---|---|---|---|---|---|
| Capataz | | | | | | | | | |
| Contacto: | | | | | | | | | |

| Horas perdidas por mal tiempo | Visitante |
|---|---|
| | |
| | |
| | |

### Las condiciones climáticas

| AM | PM |
|---|---|
| | |

| Horario | Problemas/retrasos |
|---|---|
| Fecha de realización: | |
| Días antes de lo previsto: | |
| Días de retraso: | |

| Temas de seguridad | Accidentes/ Incidentes |
|---|---|
| | |
| | |
| | |
| | |
| | |
| | |
| | |

### Resumen del trabajo realizado hoy

| Firmar: | Nombre: |
|---|---|
| | |

| Equipo en el sitio: | Unidades | Trabajar | |
| --- | --- | --- | --- |
| | | Sí | No |
| | | | |
| | | | |
| | | | |
| | | | |
| | | | |
| | | | |
| | | | |
| | | | |

| Empleados / Contratista | Acto | Compatible horario acordado | Horas extras |
| --- | --- | --- | --- |
| | | | |
| | | | |
| | | | |
| | | | |
| | | | |
| | | | |

| Materiales suministrados | Desde y precio | Equipo alquilado | Unidades |
| --- | --- | --- | --- |
| | | | |
| | | | |
| | | | |
| | | | |
| | | | |
| | | | |
| | | | |
| | | | |

**Notas**

| Fecha: | | Dia: | Lun Mar Mie Jue Vie Sab Dom |
|---|---|---|---|
| Capataz | | | |
| Contacto: | | | |

| Horas perdidas por mal tiempo | Visitante |
|---|---|
| | |
| | |
| | |

## Las condiciones climáticas

| AM | PM |
|---|---|
| | |

| Horario | Problemas/retrasos |
|---|---|
| Fecha de realización: | |
| Días antes de lo previsto: | |
| Días de retraso: | |

| Temas de seguridad | Accidentes/ Incidentes |
|---|---|
| | |
| | |
| | |
| | |
| | |
| | |
| | |
| | |

## Resumen del trabajo realizado hoy

| Firmar: | Nombre: |
|---|---|
| | |

| Equipo en el sitio: | Unidades | Trabajar | |
| --- | --- | --- | --- |
| | | Sí | No |
| | | | |
| | | | |
| | | | |
| | | | |
| | | | |
| | | | |
| | | | |
| | | | |
| | | | |
| | | | |

| Empleados / Contratista | Acto | Compatible horario acordado | Horas extras |
| --- | --- | --- | --- |
| | | | |
| | | | |
| | | | |
| | | | |
| | | | |
| | | | |

| Materiales suministrados | Desde y precio | Equipo alquilado | Unidades |
| --- | --- | --- | --- |
| | | | |
| | | | |
| | | | |
| | | | |
| | | | |
| | | | |
| | | | |
| | | | |

**Notas**

| Fecha: | | Dia: | Lun Mar Mie Jue Vie Sab Dom |
| --- | --- | --- | --- |
| Capataz | | | |
| Contacto: | | | |

| Horas perdidas por mal tiempo | Visitante |
| --- | --- |
| | |
| | |
| | |

### Las condiciones climáticas

| AM | PM | |
| --- | --- | --- |
| | | |

| Horario | Problemas/retrasos |
| --- | --- |
| Fecha de realización: | |
| Días antes de lo previsto: | |
| Días de retraso: | |

| Temas de seguridad | Accidentes/ Incidentes |
| --- | --- |
| | |
| | |
| | |
| | |
| | |
| | |
| | |
| | |

### Resumen del trabajo realizado hoy

| Firmar: | Nombre: |
| --- | --- |
| | |

| Equipo en el sitio: | Unidades | Trabajar | |
| --- | --- | --- | --- |
| | | Sí | No |
| | | | |
| | | | |
| | | | |
| | | | |
| | | | |
| | | | |
| | | | |
| | | | |
| | | | |
| | | | |

| Empleados / Contratista | Acto | Compatible horario acordado | Horas extras |
| --- | --- | --- | --- |
| | | | |
| | | | |
| | | | |
| | | | |
| | | | |
| | | | |

| Materiales suministrados | Desde y precio | Equipo alquilado | Unidades |
| --- | --- | --- | --- |
| | | | |
| | | | |
| | | | |
| | | | |
| | | | |
| | | | |
| | | | |
| | | | |

**Notas**

| Fecha: | | Dia: | Lun Mar Mie Jue Vie Sab Dom |
| --- | --- | --- | --- |
| Capataz | | | |
| Contacto: | | | |

| Horas perdidas por mal tiempo | Visitante |
| --- | --- |
| | |
| | |
| | |

| Las condiciones climáticas | |
| --- | --- |
| AM | PM |
| | |

| Horario | Problemas/retrasos |
| --- | --- |
| Fecha de realización: | |
| Días antes de lo previsto: | |
| Días de retraso: | |

| Temas de seguridad | Accidentes/ Incidentes |
| --- | --- |
| | |
| | |
| | |
| | |
| | |
| | |
| | |
| | |

## Resumen del trabajo realizado hoy

| Firmar: | Nombre: |
| --- | --- |
| | |

| Equipo en el sitio: | Unidades | Trabajar | |
| --- | --- | --- | --- |
| | | Sí | No |
| | | | |
| | | | |
| | | | |
| | | | |
| | | | |
| | | | |
| | | | |
| | | | |
| | | | |
| | | | |

| Empleados / Contratista | Acto | Compatible horario acordado | Horas extras |
| --- | --- | --- | --- |
| | | | |
| | | | |
| | | | |
| | | | |
| | | | |
| | | | |
| | | | |

| Materiales suministrados | Desde y precio | Equipo alquilado | Unidades |
| --- | --- | --- | --- |
| | | | |
| | | | |
| | | | |
| | | | |
| | | | |
| | | | |
| | | | |
| | | | |

**Notas**

| Fecha: | | Dia: | Lun | Mar | Mie | Jue | Vie | Sab | Dom |
|---|---|---|---|---|---|---|---|---|---|
| Capataz | | | | | | | | | |
| Contacto: | | | | | | | | | |

| Horas perdidas por mal tiempo | Visitante |
|---|---|
| | |
| | |
| | |

## Las condiciones climáticas

| AM | PM |
|---|---|
| | |

| Horario | Problemas/retrasos |
|---|---|
| Fecha de realización: | |
| Días antes de lo previsto: | |
| Días de retraso: | |

| Temas de seguridad | Accidentes/ Incidentes |
|---|---|
| | |
| | |
| | |
| | |
| | |
| | |
| | |

## Resumen del trabajo realizado hoy

| Firmar: | Nombre: |
|---|---|
| | |

| Equipo en el sitio: | Unidades | Trabajar | |
|---|---|---|---|
| | | Sí | No |
| | | | |
| | | | |
| | | | |
| | | | |
| | | | |
| | | | |
| | | | |
| | | | |
| | | | |

| Empleados / Contratista | Acto | Compatible horario acordado | Horas extras |
|---|---|---|---|
| | | | |
| | | | |
| | | | |
| | | | |
| | | | |
| | | | |

| Materiales suministrados | Desde y precio | Equipo alquilado | Unidades |
|---|---|---|---|
| | | | |
| | | | |
| | | | |
| | | | |
| | | | |
| | | | |
| | | | |
| | | | |

Notas

| Fecha: | | Dia: | Lun | Mar | Mie | Jue | Vie | Sab | Dom |
|---|---|---|---|---|---|---|---|---|---|
| Capataz | | | | | | | | | |
| Contacto: | | | | | | | | | |

| Horas perdidas por mal tiempo | Visitante |
|---|---|
| | |
| | |
| | |

### Las condiciones climáticas

| AM | PM |
|---|---|
| | |

| Horario | Problemas/retrasos |
|---|---|
| Fecha de realización: | |
| Días antes de lo previsto: | |
| Días de retraso: | |

| Temas de seguridad | Accidentes/ Incidentes |
|---|---|
| | |
| | |
| | |
| | |
| | |
| | |
| | |
| | |

### Resumen del trabajo realizado hoy

| Firmar: | Nombre: |
|---|---|
| | |

| Equipo en el sitio: | Unidades | Trabajar | |
| --- | --- | --- | --- |
| | | Sí | No |
| | | | |
| | | | |
| | | | |
| | | | |
| | | | |
| | | | |
| | | | |
| | | | |
| | | | |
| | | | |

| Empleados / Contratista | Acto | Compatible horario acordado | Horas extras |
| --- | --- | --- | --- |
| | | | |
| | | | |
| | | | |
| | | | |
| | | | |
| | | | |

| Materiales suministrados | Desde y precio | Equipo alquilado | Unidades |
| --- | --- | --- | --- |
| | | | |
| | | | |
| | | | |
| | | | |
| | | | |
| | | | |
| | | | |
| | | | |

**Notas**

| Fecha: | | Dia: | Lun Mar Mie Jue Vie Sab Dom |
| --- | --- | --- | --- |
| Capataz | | | |
| Contacto: | | | |

| Horas perdidas por mal tiempo | Visitante |
| --- | --- |
| | |
| | |
| | |

| Las condiciones climáticas | |
| --- | --- |
| AM | PM |
| | |

| Horario | | Problemas/retrasos |
| --- | --- | --- |
| Fecha de realización: | | |
| Días antes de lo previsto: | | |
| Días de retraso: | | |

| Temas de seguridad | Accidentes/ Incidentes |
| --- | --- |
| | |
| | |
| | |
| | |
| | |
| | |
| | |

## Resumen del trabajo realizado hoy

| Firmar: | Nombre: |
| --- | --- |
| | |

| Equipo en el sitio: | Unidades | Trabajar | |
|---|---|---|---|
| | | Sí | No |
| | | | |
| | | | |
| | | | |
| | | | |
| | | | |
| | | | |
| | | | |
| | | | |
| | | | |

| Empleados / Contratista | Acto | Compatible horario acordado | Horas extras |
|---|---|---|---|
| | | | |
| | | | |
| | | | |
| | | | |
| | | | |
| | | | |

| Materiales suministrados | Desde y precio | Equipo alquilado | Unidades |
|---|---|---|---|
| | | | |
| | | | |
| | | | |
| | | | |
| | | | |
| | | | |
| | | | |

**Notas**

| Fecha: | | Dia: | Lun | Mar | Mie | Jue | Vie | Sab | Dom |

**Capataz**

**Contacto:**

## Horas perdidas por mal tiempo

## Visitante

### Las condiciones climáticas

| AM | PM |
| --- | --- |

## Horario

Fecha de realización:

Días antes de lo previsto:

Días de retraso:

## Problemas/retrasos

## Temas de seguridad

## Accidentes/ Incidentes

## Resumen del trabajo realizado hoy

**Firmar:**

**Nombre:**

| Equipo en el sitio: | Unidades | Trabajar | |
| --- | --- | --- | --- |
| | | Sí | No |
| | | | |
| | | | |
| | | | |
| | | | |
| | | | |
| | | | |
| | | | |
| | | | |
| | | | |

| Empleados / Contratista | Acto | Compatible horario acordado | Horas extras |
| --- | --- | --- | --- |
| | | | |
| | | | |
| | | | |
| | | | |
| | | | |
| | | | |

| Materiales suministrados | Desde y precio | Equipo alquilado | Unidades |
| --- | --- | --- | --- |
| | | | |
| | | | |
| | | | |
| | | | |
| | | | |
| | | | |
| | | | |

**Notas**

| Fecha: | | Dia: | Lun | Mar | Mie | Jue | Vie | Sab | Dom |
| Capataz | | | | | | | | | |
| Contacto: | | | | | | | | | |

| Horas perdidas por mal tiempo | Visitante |
| --- | --- |
| | |
| | |
| | |

| Las condiciones climáticas | |
| --- | --- |
| AM | PM |
| | |

| Horario | | Problemas/retrasos |
| --- | --- | --- |
| Fecha de realización: | | |
| Días antes de lo previsto: | | |
| Días de retraso: | | |

| Temas de seguridad | Accidentes/ Incidentes |
| --- | --- |
| | |
| | |
| | |
| | |
| | |
| | |
| | |
| | |

## Resumen del trabajo realizado hoy

| |
| --- |
| |
| |
| |
| |
| |
| |
| |

| Firmar: | Nombre: |
| --- | --- |
| | |

| Equipo en el sitio: | Unidades | Trabajar | |
| --- | --- | --- | --- |
| | | Sí | No |
| | | | |
| | | | |
| | | | |
| | | | |
| | | | |
| | | | |
| | | | |
| | | | |
| | | | |

| Empleados / Contratista | Acto | Compatible horario acordado | Horas extras |
| --- | --- | --- | --- |
| | | | |
| | | | |
| | | | |
| | | | |
| | | | |

| Materiales suministrados | Desde y precio | Equipo alquilado | Unidades |
| --- | --- | --- | --- |
| | | | |
| | | | |
| | | | |
| | | | |
| | | | |
| | | | |

**Notas**

| Fecha: | | Dia: | Lun | Mar | Mie | Jue | Vie | Sab | Dom |
|---|---|---|---|---|---|---|---|---|---|
| Capataz | | | | | | | | | |
| Contacto: | | | | | | | | | |

| Horas perdidas por mal tiempo | Visitante |
|---|---|
| | |
| | |
| | |

### Las condiciones climáticas

| AM | PM |
|---|---|
| | |

| Horario | Problemas/retrasos |
|---|---|
| Fecha de realización: | |
| Días antes de lo previsto: | |
| Días de retraso: | |

| Temas de seguridad | Accidentes/ Incidentes |
|---|---|
| | |
| | |
| | |
| | |
| | |
| | |
| | |
| | |

### Resumen del trabajo realizado hoy

| Firmar: | Nombre: |
|---|---|
| | |

| Equipo en el sitio: | Unidades | Trabajar | |
| --- | --- | --- | --- |
| | | Sí | No |
| | | | |
| | | | |
| | | | |
| | | | |
| | | | |
| | | | |
| | | | |
| | | | |
| | | | |

| Empleados / Contratista | Acto | Compatible horario acordado | Horas extras |
| --- | --- | --- | --- |
| | | | |
| | | | |
| | | | |
| | | | |
| | | | |
| | | | |

| Materiales suministrados | Desde y precio | Equipo alquilado | Unidades |
| --- | --- | --- | --- |
| | | | |
| | | | |
| | | | |
| | | | |
| | | | |
| | | | |
| | | | |
| | | | |

**Notas**

| Fecha: | | Dia: | Lun | Mar | Mie | Jue | Vie | Sab | Dom |
| --- | --- | --- | --- | --- | --- | --- | --- | --- | --- |
| Capataz | | | | | | | | | |
| Contacto: | | | | | | | | | |

| Horas perdidas por mal tiempo | Visitante |
| --- | --- |
| | |
| | |
| | |

## Las condiciones climáticas

| AM | PM |
| --- | --- |
| | |

| Horario | Problemas/retrasos |
| --- | --- |
| Fecha de realización: | |
| Días antes de lo previsto: | |
| Días de retraso: | |

| Temas de seguridad | Accidentes/ Incidentes |
| --- | --- |
| | |
| | |
| | |
| | |
| | |
| | |
| | |

## Resumen del trabajo realizado hoy

| |
| --- |
| |
| |
| |
| |
| |
| |
| |

| Firmar: | Nombre: |
| --- | --- |
| | |

| Equipo en el sitio: | Unidades | Trabajar | |
| --- | --- | --- | --- |
| | | Sí | No |
| | | | |
| | | | |
| | | | |
| | | | |
| | | | |
| | | | |
| | | | |
| | | | |

| Empleados / Contratista | Acto | Compatible horario acordado | Horas extras |
| --- | --- | --- | --- |
| | | | |
| | | | |
| | | | |
| | | | |
| | | | |
| | | | |

| Materiales suministrados | Desde y precio | Equipo alquilado | Unidades |
| --- | --- | --- | --- |
| | | | |
| | | | |
| | | | |
| | | | |
| | | | |
| | | | |
| | | | |

**Notas**

www.ingramcontent.com/pod-product-compliance
Lightning Source LLC
LaVergne TN
LVHW020342200726
843507LV00012B/2449